Iluminar la noche

Nellie Wilder

Smithsonian

la luz del fuego

la luz de una vela

la luz de una lámpara de aceite

la luz de una lámpara de gas

la luz de un foco eléctrico

la luz de una linterna

la luz de unas linternas de cabeza

la luz que ilumina
la noche

DESAFÍO DE CTIAM

El problema

Tienes que iluminar una casa de muñecas. Solo tienes una linterna.

Los objetivos

- Usa una caja de cartón como habitación de la casa de muñecas.
- Haz una lámpara pequeña que tenga una pantalla.
- La lámpara debe iluminar el área que tú quieras.

1 Investiga y piensa ideas

Aprende sobre la luz.

2 Diseña y construye

Dibuja tu plan. ¡Construye tu lámpara y tu pantalla!

3 Prueba y mejora

Prueba la lámpara y la pantalla. Luego, trata de mejorarlas.

4 Reflexiona y comparte

¿Qué aprendiste?

Asesoras

Amy Zoque
Coordinadora y asesora didáctica de CTIM
Escuela Vineyard de CTIM
Distrito Ontario Montclair

Siobhan Tangney
Escuela primaria Marblehead
Distrito Escolar Unificado Capistrano

Créditos de publicación

Rachelle Cracchiolo, M.S.Ed., *Editora comercial*
Conni Medina, M.A.Ed., *Redactora jefa*
Diana Kenney, M.A.Ed., NBCT, *Realizadora de la serie*
Emily R. Smith, M.A.Ed., *Directora de contenido*
Véronique Bos, *Directora creativa*
Robin Erickson, *Directora de arte*
Stephanie Bernard, *Editora asociada*
Caroline Gasca, M.S.Ed., *Editora superior*
Mindy Duits, *Diseñadora gráfica superior*
Walter Mladina, *Investigador de fotografía*
Smithsonian Science Education Center

Créditos de imágenes: todas las imágenes cortesía de Shutterstock y/o iStock.

Library of Congress Cataloging-in-Publication Data
Names: Wilder, Nellie, author. | Smithsonian Institution.
Title: Iluminar la noche / Nellie Wilder.
Other titles: Lighting the night. Spanish
Description: Huntington Beach : Teacher Created Materials, 2020. | Audience: Age 5. | Audience: K to grade 3.
Identifiers: LCCN 2019041239 (print) | LCCN 2019041240 (ebook) | ISBN 9780743925419 (paperback) | ISBN 9780743925563 (ebook)
Subjects: LCSH: Light sources--Juvenile literature. | Light and darkness--Juvenile literature. | Light--Juvenile literature.
Classification: LCC QC360 .W5418 2020 (print) | LCC QC360 (ebook) | DDC 535--dc23

Smithsonian

Teacher Created Materials

5301 Oceanus Drive
Huntington Beach, CA 92649-1030
www.tcmpub.com
ISBN 978-0-7439-2541-9